BEI GRIN MACHT SICH IHR WISSEN BEZAHLT

AF144729

- Wir veröffentlichen Ihre Hausarbeit,
  Bachelor- und Masterarbeit

- Ihr eigenes eBook und Buch -
  weltweit in allen wichtigen Shops

- Verdienen Sie an jedem Verkauf

Jetzt bei www.GRIN.com hochladen und kostenlos publizieren

Bibliografische Information der Deutschen Nationalbibliothek:

Die Deutsche Bibliothek verzeichnet diese Publikation in der Deutschen National-
bibliografie; detaillierte bibliografische Daten sind im Internet über http://dnb.d-
nb.de/ abrufbar.

Dieses Werk sowie alle darin enthaltenen einzelnen Beiträge und Abbildungen
sind urheberrechtlich geschützt. Jede Verwertung, die nicht ausdrücklich vom
Urheberrechtsschutz zugelassen ist, bedarf der vorherigen Zustimmung des Verla-
ges. Das gilt insbesondere für Vervielfältigungen, Bearbeitungen, Übersetzungen,
Mikroverfilmungen, Auswertungen durch Datenbanken und für die Einspeicherung
und Verarbeitung in elektronische Systeme. Alle Rechte, auch die des auszugsweisen
Nachdrucks, der fotomechanischen Wiedergabe (einschließlich Mikrokopie) sowie
der Auswertung durch Datenbanken oder ähnliche Einrichtungen, vorbehalten.

Impressum:

Copyright © 2002 GRIN Verlag, Open Publishing GmbH
Druck und Bindung: Books on Demand GmbH, Norderstedt Germany
ISBN: 978-3-668-10506-5

Dieses Buch bei GRIN:

http://www.grin.com/de/e-book/28993/globalisierung-der-weltwirtschaft-chancen-
und-risiken

Daniel Tomowski

Globalisierung der Weltwirtschaft. Chancen und Risiken

GRIN Verlag

GRIN - Your knowledge has value

Der GRIN Verlag publiziert seit 1998 wissenschaftliche Arbeiten von Studenten, Hochschullehrern und anderen Akademikern als eBook und gedrucktes Buch. Die Verlagswebsite www.grin.com ist die ideale Plattform zur Veröffentlichung von Hausarbeiten, Abschlussarbeiten, wissenschaftlichen Aufsätzen, Dissertationen und Fachbüchern.

Besuchen Sie uns im Internet:

http://www.grin.com/

http://www.facebook.com/grincom

http://www.twitter.com/grin_com

Hochschule Vechta

Studiengang Umweltwissenschaften

SS 2002

Seminar: Wirtschaft und Verkehr

Thema der Arbeit:

Globalisierung der

Weltwirtschaft

Autor: Daniel F. Tomowski

1 Einleitung

Es ist für uns zur Selbstverständlichkeit geworden, dass die globale Welt unseren Tisch deckt, Lebensmittel aus aller Welt stehen unseren Tischen. So gibt es den Kaffee aus Südamerika, Nudelgerichte aus Italien oder Kiwi aus Australien. Wir leben in einer globalisierten Welt, in der die Wirtschaft mit dem Credo angetreten ist, immer wettbewerbsfähiger zu werden. Die Auswirkungen dieses globalen Wettbewerbs betreffen mittlerweile neben der Wirtschaft auch die Gesellschaft, unsere Umwelt und die Einflussmöglichkeiten des Nationalstaates. Im Kontext zum Studiengang Umweltwissenschaften ist ein Einblick in die Mechanismen der Globalisierung deshalb erforderlich, weil die Auswirkungen der Globalisierung das Ökosystem Erde in Zukunft zu weiterer Schädigung der Umwelt führen können. Eine Beschreibung des Globalisierungsprozesses, sowie eine Darstellung der Chancen und Risiken diese Prozesses, sollen dem Leser einen Einblick in die Globalisierung des Wettbewerbs geben und die daraus resultierenden Fragen unter anderem in Anlehnung an die Aussagen der Gruppe von Lissabon (1997) beantworten.

2 Globalisierung

2.1 Geschichtliche Entwicklung

Bereits in der Antike wurde überregional mit Gewürzen, Edelmetallen oder Stoffen gehandelt. Ein in sich isolierter Markt war also schon damals die Ausnahme. Der Grad des zwischenstaatlichen Handels war auch schon damals von der entsprechenden Wirtschaftsphilosophie der herrschenden Klasse abhängig.

Zum Beispiel führten die wirtschaftspolitischen Lenkungsmaßnahmen im 16. bis 18. Jahrhundert dazu, dass Staaten wie Frankreich, Preußen oder England darin bestrebt waren ihren Export zu maximieren, um möglichst viel Geld zu erwirtschaften. Im Gegenzug wurden die Aufwendungen für den Import reduziert, was letztendlich dazu führte, dass auf Grund der mangelnden Importbereitschaft der andern Staaten das Exportvolumen insgesamt nicht vergrößert werden konnte. Nach FRANZMEYER (2000, S.8) führte dieser Sachverhalt dazu, dass sich der internationale Handel nicht entfalten konnte, da die Ausgaben des einen

Landes die Einnahmen des anderen Landes darstellen. Diese Form des Wirtschaftens wird als Merkantilismus bezeichnet.

Mit der verstärkten Kolonialisierung von rohstoffreichen Gebieten Afrikas, Lateinamerikas und Asiens durch die europäischen Großmächte kam es zu einer verstärkten Entwicklung des Handels, die durch die Theorie des Wirtschaftsliberalismus, der Arbeitsteilung und des Freihandels begünstigt wurde.

Maßgebliche Vertreter und Begründer dieser Wirtschaftstheorien waren der britische Nationalökonom ADAM SMITH (1723 -1790) und DAVID RICARDO (1772 – 1823). Demnach ging RICARDO in seiner Theorie „der komparativen Kosten" davon aus, dass internationaler Handel und Arbeitsteilung selbst für jene Länder vorteilhaft ist, die Güter kostengünstiger produzieren können als das Ausland: „Sie müssen sich nur auf die Produktion jener Güter spezialisieren, die sie relativ (komparativ) am günstigsten herstellen können." FRANZMEYER (2000, S.8).

Mit der Idee der Wirtschaftsliberalismus, die besagt, dass der Staat nur die Rahmenbedingungen setzt und Zölle sowie Handelschranken beseitigt werden sollen, begann das Zeitalter der globalisierten Weltwirtschaft, die im 19. Jahrhundert auf Grund des Abbaus von Handelshemmnissen (z.B. Zollschranken), relativen Friedens (nach den napoleonischen Kriegen), verbesserter Produktionstechniken und besserer Transportmöglichkeiten ihre erste Blüte erreichte. Ferner wurde zwischen den Handelsnationen das Gold als Standard für den internationalen Zahlungsverkehr eingeführt.

Im Verlauf des 20. Jahrhunderts wurde der Aufschwung des internationalen Handels durch den 1. und 2. Weltkrieg, sowie die Weltwirtschaftskrise in den dreißiger Jahren gebremst, doch schon im Jahre 1944 würden mit der Gründung des „internationalen Währungsfonds" (IWF) und der Weltbank die Vorraussetzungen für eine weitere Liberalisierung des Welthandels geschaffen.

Im Jahr 1948 wurde das „Allgemeine Zoll- und Handelsabkommen" (GATT) verabschiedet, woraus seitdem acht Zollsenkungsrunden über die mengenmäßigen Handelsbeschränkungen und Zölle resultieren. In Zahlen ausgedrückt heißt dies, das der Zoll auf importierte Güter 1950 durchschnittlich 40 % betrug, heute 5 %. Des weiteren ist die weltweite Güterproduktion seit dem Jahr 1950 um das 5,5fache gestiegen, der Warenhandel jedoch um mehr als das 16fache. In der letzten GATT-Runde (1986 – 1993) wurde eine gravierende

Ausweitung der Handelsfreiheit auf den Agrar-, Textil- und Dienstleistungsbereich erwirkt. Zudem wurden Handelsbegleitende Investitionen begünstigt und Urheberrecht an geistigem Eigentum verbessert. Ferner wurde im Jahr 1995 das GATT durch die WTO (World Trade Organization) abgelöst, die als eigenständige „Behörde der UN-Familie" FRANZMEYER (2000, S.9) formiert und die durch transparente und wirksame Streitschlichtungsverfahren nicht ausschließlich die wirtschaftlich stärkeren Staaten bevorteilt. Zusammenfassend resümiert HELMUT SCHMIDT (1998, S. 58), dass wir „eine zusätzliche Liberalisierung" erlebt haben.

2.2 Globalisierungsprozess

Globalisierung umfasst sowohl wirtschaftliche als auch kulturelle, soziale, ökologische und technologische Aspekte. So definieren PERRATON et al. (1998, S.136) Globalisierung als :

„... einen historischen Prozeß, in dessen Verlauf die Netzwerke und Systeme gesellschaftlicher Beziehungen sich räumlich ausdehnen und die menschlichen Verhaltensweisen, Aktivitäten sowie die Ausübung gesellschaftlicher Macht transkontinentalen (oder interregionalen) Charakter annehmen." .

Hiermit wird einen allumfassende Definition von Globalisierung gegeben, die Fragestellung dieser Arbeit wird sich aber insbesondere mit den Auswirkungen wirtschaftlicher Globalisierung beschäftigen.

Die Gründe für den wirtschaftlichen Globalisierungsprozess sind ursprünglich auf die Arbeitsteilung zurückzuführen. Diese führt zu Tausch- bzw. Geldgeschäften zwischen den Marktteilnehmern, die sich heute durch eine massive Ausweitung des Welthandels zwischen den unterschiedlichen Volkswirtschaften manifestiert. Natürliche Vorraussetzungen für den Welthandel sind das unterschiedliche Potential von Ländern an Rohstoffen, Energieträgern, Arbeitskraft oder Kapital.

Des weiteren sind als weitere Triebkräfte der Globalisierung der technische Fortschritt, insbesondere bei der Verringerung der Tarnsport- und Kommunikationskosten (vgl. Abbildung Nr.1), aber auch vermehrt politische Entscheidungen, wie der Aufbau von Freihandelszonen zwischen Staaten

(Beispiel EU), und die Liberalisierung des Welthandels durch das GATT ,
anzusehen.

Tabelle 2: Transport- und Kommunikationskosten 1920-1990
(in US-Dollar 1990)

	Seefracht[1]	Luftfracht[2]	3-Minuten-Telefonat New York–London
1920	95	–	–
1930	60	0,68	244,65
1940	63	0,46	188,51
1950	34	0,30	53,20
1960	27	0,24	45,86
1970	27	0,16	31,58
1980	24	0,10	4,80
1990	29	0,11	3,32

Quelle: Gary Hufbauer, *World Economic Integration: The Long View*, in: *International Economic Insights*, Vol. 2, No. 3, 1991, S. 26 f.

1 Seefracht: Durchschnitt der Seefracht und Hafenladungen in *short tons* (1 short ton = 907,18 kg) der Import- und Exportfracht.
2 Luftfracht: Durchschnittliche Kosten der Beförderung von Passagieren pro Meile.

Abbildung 1: Transport- und Kommunikationskosten (aus: BECK, ULRICH: Politik der Globalisierung, Seite 143)

Des weiteren sehen die Autoren des BERICHTS VON LISSABON (1997, S.68) die Privatisierung (z.B. von Staatsbetrieben) und die Deregulierung, d.h. Entbürokratisierung und eine geringere Rolle des Staates, als weitere begünstigende Faktoren für die Globalisierung an.
PERRATON et al. (1998, S.134 – S.168) unterteilen die Globalisierung der Wirtschaft in drei Bereiche : Zum ersten die Ausweitung des Handels sowohl von Waren, als auch von Dienstleistungen, zum zweiten die Ausweitung der Finanzmärkte und zum dritten die Aktivitäten der TNC´S (transnational coperations).

2.3 Waren und Dienstleistungen

Der Handel mit Gütern ist in zwei Kategorien zu differenzieren, zum einem in den Bereich mit Bergbaugütern und Nahrungsmitteln, der sich u.a. auf Grund der

Erdölpreiskrise von 1979 unterdurchschnittlich entwickelte und zum anderen in den Bereich der Fertigprodukte, insbesondere mit „ Maschinen, Fahrzeugen, chemischen und pharmazeutischen Produkten, elektrotechnischem und elektronischem Gerät sowie mit anderen Erzeugnissen des verarbeitenden Gewerbes." FRANZMEYER (2000, S.9).

	1899	1913	1950	1963	1971	1985
England	16	17	4	7	12	29
Frankreich	12	13	7	12	17	27
Deutschland	16	10	4	10	16	26
USA	3	3	2	3	9	24
Japan	30	34	3	6	4	6
Schweden	8	14	12	17	37	46

Abbildung Nr.2 : Import von Fertigprodukten (aus: BECK, ULRICH: Politik der Globalisierung, Seite 147)

Abbildung Nr.2 belegt die Steigerung des Imports von Fertigprodukten der sechs aufgezählten Länder.

Generell lässt sich feststellen, dass im Industriegüterhandel die Art der gehandelten Waren vom Entwicklungsstand der beteiligten Länder abhängt. Demnach treiben ungleich entwickelte Länder eher „interindustriellen Handel" , z. z.B. Maschinen gegen Bekleidung und gleich entwickelte Länder mehr „intraindustriellen Handel" , also Maschinen gegen Maschinen. Da in den hoch entwickelten Industrieländern die Kundenwünsche differenzierter und anspruchsvoller sind, ist bei dem Handel mit Industriegütern eine erhöhte Spezialisierung bei einzelnen Produkten zu beobachten. So wird im intraindustriellen Handel beispielsweise Airbus gegen Boing oder Volvo gegen Mercedes ex- bzw. importiert. Nach FRANZMEYER (2000, S.10) macht der intraindustrielle Handel zwischen den Industrieländern drei Viertel des Weltgesamthandels aus.

Im Dienstleistungsbereich sind insbesondere elektronische Dienste auf Grund der weltweit vereinfachten Kommunikation über das Internet nicht mehr Standortgebunden. So wird heutzutage die Softwareentwicklung von amerikanischen oder deutschen Unternehmen in Indien geleistet und über die Datenautobahn zurück zum Auftraggeber geschickt. Ebenso sind Bank- und Versicherungsdienstleistungen allgegenwärtig, so ist z.B. der Allianzkonzern in mittlerweile 50 Ländern vertreten, die

Deutsche Bank in 64 Ländern (Quelle: http://group.deutsche-bank.de/ghp/index.htm).

2.4 Finanzmärkte

Auf den Finanzmärkten ist die Globalisierung am ausgeprägtesten, da die Mobilitätskosten besonders gering sind. Anleger können heute Ihr Geld minutenschnell in Aktien oder fremden Währungen anlegen oder umschichten. Nach PERRATON et al. (1998, S.149) hat der tägliche Umsatz an den Devisenbörsen eine Größe von 1 Billiarde Dollar erreicht und liegt damit um das fünfzigfache höher als der Wert des Weltexports. Der internationale Kapitalsektor gewinnt seit Anfang der achtziger Jahre durch den steigenden Bedarf an internationalem Kapital ein immer größeres Gewicht, wie es Abbildung Nr.3 aufzeigt:

	1961	1972	1980	1985	1991
Internationale Bankkredite netto	0,7	3,7	8,0	13,2	16,3
Bruttovolumen des internationalen Banksektors	1,2	6,3	16,2	27,8	37,0

Abbildung Nr.3 : Der internationale Banksektor im Vergleich mit der Weltproduktion in Prozenten (aus: BECK, ULRICH: Politik der Globalisierung, Seite 50)

Die Verdopplung der internationalen Bankkredite in einem Jahrzehnt, ist durch eine Vielzahl von Instrumentarien gefördert worden. Die Staaten der OECD (Organization for Economic Cooperation and Development) haben im besagtem Jahrzehnt alle Beschränkungen des internationalen Kapitalverkehrs beseitigt. Zudem standen das Ausmaß der globalen Kapitalströme und deren Durchdringung der nationalen Volkswirtschaften in direktem Zusammenhang, da sich auch der Finanzsektor innerhalb der einzelnen Länder ausgeweitet hat und umso mehr die gesamte Volkswirtschaft einer Nation beeinflussen kann.

Zwischen unterschiedlichen Währungsräumen resultieren aus unterschiedlichen Preissteigerungsraten divergierende Umrechnungskurse, zum anderem kann der Währungswert durch Import- bzw. Exportüberschüsse verändert werden. So wird der

Wert der Währung desjenigen Landes steigen, das mehr exportiert, als desjenigen, welches in Fremdwährung seine Importe begleichen muss.

Daneben beeinflussen politische und Zinsentscheidungen die Wechselkurse.

Eine weitere Motivation für die zunehmenden Transaktionen von Finanzkapital ist das kurzfristige Erzielen von Ertragsdifferenzen über sogenannte Spekulationen, die aus den beschriebenen Wechselkursschwankungen resultieren. Folge davon ist eine Entkopplung der Finanz- und Warenmärkte voneinander, bei denen die real getätigten Warengeschäfte nicht mehr ausschlaggebend für den Währungskurs sind, sondern die Spekulationsabsicht der privaten Anleger.

2.5 TNC´S – multinationale Unternehmen

Ein multinational tätiges Unternehmen ist grenzüberschreitend tätig, d.h. es hat Mitarbeiter bzw. Produktionsstandorte in mehreren unterschiedlichen Ländern. Beispielhaft sei hier der VW-Konzern aufgeführt, der Produktionsstädten in Mexiko, Südamerika, China, Spanien, Polen und anderen Ländern besitzt.

Die Zahl multinational tätigen Unternehmen ist nach FRANZMEYER (2000, S.11) innerhalb des letzten Jahrzehnts von 7000 auf 40000 gestiegen.

Grund für diesen Anstieg ist neben der zunehmenden Handelsliberalisierung auch die Tatsache, dass nicht nur das Kapital, sondern auch die Maschinen zur Produktion frei verlagert werden können und im Zweifelsfall wegen sich verschlechternder Standortbedingungen wieder abgezogen werden können. Als Folge dieser Mobilität sind diese Firmen nach PERRATON et al. (1998, S.160) „...in der Lage, unterschiedliche Produktionsbedingungen in verschiedenen Ländern durch Verlagerung der Standorte auszunutzen. Die Regierungen würden dadurch zu einem „Schönheitswettbewerb" um Anbieten der vorteilhaftesten Anreize...gezwungen.".

Die möglichen Auswirkungen des unregulierten Wettbewerbs werden im Kapitel „ Risiken der Globalisierung" noch genauer beleuchtet.

Folglich können multinationale Unternehmen z.B. lohnintensive Teile der Produktion in Entwicklungsländer verlagern, oder wie es das Beispiel der Textilindustrie zeigt, überhaupt nur noch in Niedriglohnländern produzieren lassen, um Kosten zu minimieren und den Profit zu maximieren.

Zudem sind bei Direktinvestitionen in Entwicklungsländern von multinational tätigen Unternehmen auch Verstöße gegen soziale und ökologische Mindeststandards zu beobachten, indem undemokratische Regime ausgenutzt werden, um billiger an Arbeitskräfte zu kommen und den Umweltschutz zu umgehen. So handelte sich nach FRANZMEYER (2000, S.11) ein großer Sportwarenhersteller aus Kalifornien vor Gericht den Vorwurf ein, Arbeitnehmergrundrechte in Indonesien, Vietnam und China zu missachten.

3 Chancen der Globalisierung

3.1 Globale Kommunikation

Einhergehend mit dem Globalisierungsprozess ist eine weitere Entwicklung zu beobachten: die Entstehung neuer globaler Informationssysteme und Kommunikationsnetze.

Mit dem beginnenden Satellitenzeitalter in den siebziger und der Verbreitung von Faxgeräten in den achtziger, sowie abschließend mit der Internetrevolution in den neunziger Jahren haben sich die Möglichkeiten stark verbessert, Informationen global auszutauschen. Diktaturen und andere autoritäre Regierungsformen haben es zunehmend schwerer, ihre Bevölkerung von weltweitverfügbaren Informationsströmen abzuschneiden. Das Internet dient also nicht nur als Forum für die Wissenschaft oder die Wirtschaft, sondern auch als Symbol der freiheitlichen Gesinnung, die dort von allen Oppositionellen autoritärer Staaten verbreitet werden kann und unter Umständen zur zunehmenden Demokratisierung der Welt beiträgt.

Anzumerken bleibt, dass neben der Verbreitung von demokratischer Gesinnung, dass weltumspannende Internet auch von Nationalsozialisten oder von Terroristen zum Informationsaustausch genutzt werden kann. Des weiteren führt die globale Vernetzung zu einem vermehrten Austausch in der Wissenschaft. Anstelle von Mainframes ermöglicht es das Internet Forschungsprogrammen wie z.B. SETI@HOME, deren Ziel in der Suche nach extraterrestrischen Leben besteht, die Verteilung der gewonnen Datenmengen über ein Clustersystem an einzelne an das Internet angeschlossene Personalcomputer. Die Summe der Rechenleistung der über das Internet angeschlossenen Computer übertrifft die Leistungskraft heutiger Mainframes bei weitem. So beträgt die Rechenleistung des Seti-Clusters in 24 Stunden 32.61 Teraflops/sec und Rechenleistung des IBM-Rechners „ASCI White" 12.3 Teraflops/sec (Quelle: http://setiathome.ssl.berkeley.edu/ und http://www.ibm.com, Stand 27.04.02). Dieses Beispiel der globalisierten Kommunikation zeigt die wissenschaftlichen Innovationsmöglichkeiten sich nicht nur auf den Emailaustausch zwischen Forschern beschränken müssen, sondern auch zu neuen Innovationsmöglichkeiten führen.

3.2 Entstehen einer neuen Zivilgesellschaft

Verbunden mit der Entwicklung der Kommunikationsmöglichkeiten und der steigenden Möglichkeiten von Mobilität der Menschen in Teilräumen dieser Welt haben zu einer atemberaubenden Expansion transnationaler Organisationen und Aktivitäten geführt.

Hervorzuheben sind insbesondere die Umweltbewegung (z.B. Greenpeace), die Friedensbewegung, die Frauenbewegung, die Menschenrechtsbewegung (z.B. Amnesty International) und religiöse Bewegungen. Der Grad des Engagements ist nach MCGREW (1998, S.387) durch „eine immense Ungleichheit zwischen Gruppen hinsichtlich ihrer Ressourcen, ihrer Unterstützung und ihres Zuganges zu den Zentren der Macht" gekennzeichnet. Einige dieser Organisationen sind multinational organisiert mit vielen dauerhaften Arbeitsplätzen auf der Welt, andere hingegen beruhen auf spontanen oder ehrenamtlichen Engagement. Folglich resümieren die Autoren der BERICHTS VON LISSABON (1997, S.38), dass „die globale Zivilgesellschaft nach wie vor stark zersplittert, unkoordiniert und in sich gespalten ist:". Als Beispiel wird die UN-Konferenz zu Umwelt und Entwicklung in Rio de Janeiro (1992) angeführt, bei den es zwischen Umwelt-Aktivisten, Nord und Süd, Reformern und Revolutionären, Eine-Weltaktivisten und vielen anderen Interessengruppen der globalen Zivilgesellschaft zu Differenzen bei der Verwirklichung ihrer Ziele kam. Dennoch spielt die globale Zivilgesellschaft in drei Punkten eine wichtige Rolle.

Zuallererst als globales moralisches Bewusstsein bzw. Gewissen, zu dem bisher auch die Kirchen zählen können. Organisationen wie Amnesty International sind wichtige Verfechter der Menschenrechte, die auf die Weltregionen aufmerksam machen, in denen keine Freiheit und Gerechtigkeit existiert. Ohne solche Organisationen ist es unwahrscheinlich, dass die Weltöffentlichkeit von Menschenrechtsverletzungen erfährt, da de freie Weltmarkt keine ethische Unterscheidung zwischen gut und schlecht kennt.

An zweiter Stelle postuliert die globale Zivilgesellschaft die globalen Bedürfnisse, die nicht vom Weltmarkt wahrgenommen werden, also die „Nachfrage nach Sozialem" DIE GRUPPE VON LISSABON (1997, S.37). Hierunter fallen die Forderungen nach Freiheit, Frieden, Gleichheit, Gerechtigkeit, Solidarität, aber auch praktische Anliegen wie der Kampf gegen den Hunger, die Abholzung der Tropenwälder oder der Einsatz gegen die Armut.

Die dritte Funktion der globalen Zivilgesellschaft besteht darin, neue institutionelle, soziale und ökonomische Ansätze zu entwickeln, die über eine die Wahrnehmungsfunktion einer moralischen Instanz oder die Postulierung von Bedürfnissen hinausgehen. Beispielhaft soll hier die Arbeit amerikanischer Gruppen zur die Freihandelszone NAFTA, sowie die Arbeit von Amnesty International erwähnt, die eindeutig interessenbezogene Kalküle multinationaler Konzerne und nationaler Regierungen beeinflussen können. Als weiteres Beispiel sei hier das Verhalten des Shellkonzerns bei der Versenkung der Ölbohrplattform Brent Spar genannt, die durch das medienwirksame Eingreifen von Greenpeace verhindert werden konnte.

3.3 Friedenssicherung und Demokratisierung

Die Sicherheit eines Staates ist heute nur dann gegeben, wenn er keine Feinde mehr hat. Das dieser Zustand nicht utopisch ist, zeigt das Beispiel der Europäischen Union. Gegründet als eine Zone wirtschaftlicher Zusammenarbeit einiger europäischer Staaten, hat sich die EU auch über die Verflechtungen der westeuropäischen Volkswirtschaften zu mehr als einer reinen Freihandelzone entwickelt. Kultureller Austausch durch Städtepartnerschaften, Schulen und anderen gesellschaftlichen Gruppen in den europäischen Ländern folgten und auch der Wegfall der Binnengrenzen durch das Schengener Abkommen haben zur Stabilität und Friedensicherung in Westeuropa beigetragen.

Auch global gesehen ist seit den siebziger Jahren eine weltweite Demokratisierungswelle zu beobachten. Beginnend in Südeuropa erfasste diese „Welle" Südamerika und nicht zuletzt im Jahr 1989 und 1990 Osteuropa. Auch das Ende der Apartheid in Südafrika ist diesem Prozess zuzuordnen.

4 Risiken der Globalisierung

4.1 Bedeutungsverlust des Nationalstaates

Die Gestaltungsmöglichkeiten der nationalen Wirtschaftspolitik sind auf den Wirkungskreis des betreffenden Staatsgebietes beschränkt. Der globale Wettbewerb der Unternehmen um Kostensenkungen und Wettbewerbsvorteile gegenüber den Marktkonkurrenten setzt die nationalstaatliche Politik in zunehmenden Masse unter Druck. Die multinationalen Konzerne, die ihre Produktionsstandtorte nach Kostenvorteilen aussuchen, sind nicht an einen Nationalstaat gebunden. Nach dem Bericht der Gruppe von Lissabon sind Staaten zur Sicherung Ihrer eigenen sozialen Funktion daher dazu gezwungen, „massiv öffentliche Ressourcen in den privatwirtschaftlichen Sektor zu transferieren" DIE GRUPPE VON LISSABON (1997, S.107). Dieser vermeintliche Zwang zu mehr Wettbewerb als Richtschnur der Politik führte in vielen westlichen Staaten zu Deregulierung, Liberalisierung von Handel und Kapitalverkehr, sowie zu Privatisierung staatlicher Unternehmen. Internationale Wirtschaftsorganisationen wie der internationale Währungsfonds (IWF), die Weltbank und die Welthandelsorganisation (WTO) werden zum Vorteil für die internationalen Kapitalströme und Konzerne eingesetzt. Der weltweite Wettbewerb macht den Staat „zunehmend abhängig von der durch die Unternehmen sichergestellten Innovationsfähigkeit und Kontrolle der Weltmärkte. Dabei steht die auf der Fähigkeit zur ständigen Sicherung der sozioökonomischen Entwicklung des Landes beruhende politische und soziale Legitimation des Staates auf dem Spiel." DIE GRUPPE VON LISSABON (1997, S.106). Als Antwort auf diese Globalisierungsfalle, von der die Nationalstaaten betroffen sind, ist es daher erforderlich globale Institutionen zu schaffen, die Ziele wie Umweltschutz, Freiheit und Gerechtigkeit wirksam verfolgen kann. Andernfalls führt der fehlende Interessenausgleich zwischen der ökonomischen und der sozialen Globalisierung zu einem Ungleichgewicht der Kräfte, da die ökonomische Globalisierung ohne demokratische Legitimation mit dem Ziel der Profitmaximierung ungleich stärkere Einflussmöglichkeiten besitzt (z.B. WTO), als die vergleichsweise schwachen Netzwerke engagierter Nichtregierungsorganisationen oder Gruppen.

4.2 Triadisierung der Welt – Folgen für die Entwicklungsländer

„ Triadisierung heißt, dass die technologischen, wirtschaftlichen und soziokulturellen Integrationsprozesse zwischen den drei entwickelsten Regionen der Welt (Japan und die neuindustrialisierten Länder Süd- und Südostasiens, Westeuropa und Nordamerika) durchgängiger, intensiver und bedeutender sind als die Integration zwischen diesen drei Regionen und den weniger entwickelten Ländern oder zwischen den benachteiligten Ländern untereinander." DIE GRUPPE VON LISSABON (1997, S.109). Abbildung Nr.4 zeigt ein geografisches Muster der Triadisierung auf.

Die Verteilung strategischer Technologieallianzen					
Technologie-bereich	Anzahl der Allianzen	%-Anteil entwickelter Ökonomien	%-Anteil der Triade	%-Anteil Triade – NIC*	%-Anteil Triade – LDC**	Weitere
Biotechnologie	846	99.1	94.1	0.4	0.1	0.5
Neue Materialien	430	96.5	93.5	2.3	1.2	–
Computer	199	98.0	96.0	1.5	0.5	–
Industrielle Automation	281	96.1	95.0	2.1	1.8	–
Mikroelektronik	387	95.9	95.1	3.6	–	0.5
Software	346	99.1	96.2	0.6	0.3	–
Telekom	368	97.5	92.1	1.6	0.3	0.5
IT	148	93.3	92.6	5.4	0.7	0.7
Autoindustrie	205	84.9	82.9	9.8	5.4	–
Luftfahrt	228	96.9	94.3	0.9	1.3	0.9
Chemie	410	87.6	80.0	3.9	7.1	1.5
Lebensmittel	42	90.5	76.2	9.5	–	–
Elektrik	141	96.5	92.2	1.4	2.1	–
Werkzeuge	95	100.0	100.0	–	–	–
Andere	66	90.9	77.3	1.5	4.5	3.0
Gesamt	4192	95.7	91.9	2.3	1.5	0.5

*NIC = neuindustrialisierte Länder   **LDC = wenig industrialisierte Länder

Abbildung Nr.4: Die Verteilung strategischer Technologieallianzen (aus: die Gruppe von Lissabon – Grenzen des Wettbewerbs, Seite 210)

Allein im Zeitraum zwischen 1980 bis 1989 wurden 92 Prozent der strategisch eingegangenen Unternehmensallianzen zwischen Firmen aus Japan, Nordamerika und Westeuropa abgeschlossen. Ein weiteres Indiz für die zunehmende Triadisierung zeigt Abbildung Nr. 5 auf.

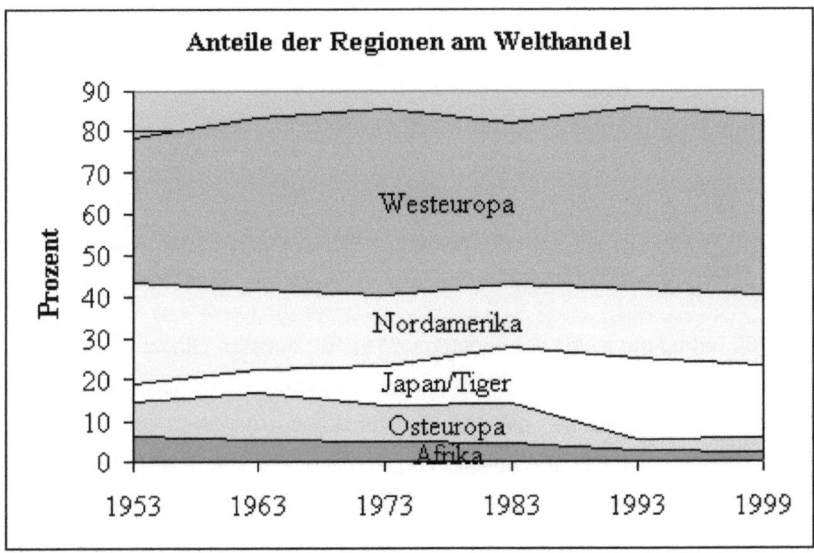

Abbildung Nr.5 (aus: http://viadrina.euv-frankfurt-o.de/~wsgn1/pageG12.html, Stand 26.4.02)

Betrug der Anteil der Triade am Welthandel im Jahr 1953 zusammen etwa 63 Prozent, so steigerte sich der Anteil der Triade im Jahr 1999 auf nahezu 75 Prozent.

Der Prozess der Triadisierung findet ebenfalls in den Köpfen Menschen statt. Die Bevölkerung der beteiligten Staaten geht davon aus, dass ihr Lebensstil und ihre eigene Welt die Welt ist, die zählt. Begründet wird diese Einstellung mit der technischen, wissenschaftlichen, wirtschaftlichen und vermeintlich kulturellen Vormachtstellung, die zusammen mit der militärischen Stärke auch den Einfluss sichert, um die Weltwirtschaft und Weltgesellschaft maßgeblich zu bestimmen.

Durch diese Dominanz der Triade entsteht neben der Globalisierung eine Spaltung der Welt, eine Abkopplung. Bestimmte Länder und Regionen, insbesondere Afrika und Lateinamerika, sind in ökonomisch und technologischer Hinsicht von den fortgeschrittenen Ländern abgeschnitten und nehmen nicht am Prozess der zunehmenden Integration der globalen Welt teil. Abbildung Nr.6 spricht für sich:

	Exporte		Importe	
	1980	1990	1980	1990
Industrialisierte Welt (24 Länder)	62.9	72.4	67.9	72.1
davon G7 (USA, CAN, J, D, F, GB, I)	45.2	51.8	48.2	51.9
die Triade	54.8	64.0	59.5	63.8
andere industrialisierte Länder	8.1	8.5	8.4	8.3
Die sich entwickelnde Welt	37.1	27.6	32.1	27.9
davon »Stars« (11 Länder)	7.3	14.6	8.8	13.5
Die Ärmsten (102 Länder)	7.9	1.4	9.0	4.9
Gesamt	100	100	100	100

Abbildung Nr.6: Vergleich der Exporte und Importe In Prozent (aus: die Gruppe von Lissabon – Grenzen des Wettbewerbs, Seite 211)

Im Jahr 1980 betrug der Anteil der exportierenden 102 ärmsten Länder der Welt am Welthandel 7,9 Prozent, im Jahr 1990 bereits nur noch 1.4 Prozent. Im selben Zeitraum sank der Importanteil der 102 ärmsten Länder der Welt von 9 auf 4,9 Prozent. Andersherum stieg der Anteil der drei Regionen der Triade von 54,8 Prozent auf 64 Prozent der Weltexporte und von 59,5 auf 63,8 Prozent der Weltimporte. Dieser Abkopplungsprozess, als negativer Effekt des exzessiven Wettbewerbs zwischen der Triade, führt zu sozialen Ausgrenzungen. Menschen, Länder oder Unternehmen die nicht konkurrenzfähig sind werden abgehängt und ins Abseits der Geschichte gestellt: „Als „Verlierer" gelten sie als wertlos." GRUPPE VON LISSABON (1997, S.144).

Bei den Entwicklungsländern ist dennoch eine genauere Differenzierung im Hinblick auf die Folgen der Globalisierung notwendig, da einige Entwicklungsländer auch von der Globalisierung profitieren. Statistisch gesehen konnte nach SCHIRM (2000,S.27) die Gruppe der Entwicklungsländer von der stärkeren weltweiten Integration von Handel, Produktion und Kapital profitieren, indem z.B. das reale Pro-Kopf-Einkommen innerhalb der letzten 30 Jahre verdoppelt wurde oder sich der Anteil am Welthandel von 1985 bis 1995 sechs Prozent erhöhte.

Zu den Gewinnern innerhalb der Gruppe der Entwicklungsländer zählen die sogenannten „Tiger –Staaten" Ostasiens und südamerikanische Staaten, wie z.B. Brasilien, die durch wettbewerbsfähige Produkte bzw. eine Öffnung Ihrer vorher abgeschotteten Märkte Vorteile aus der Globalisierung erzielen konnten.

Zu den Globalisierungsverlieren zählen vor allem die Länder Afrikas, des mittleren Ostens und Südasiens. So vergrößerte sich nach SCHIRM (2000, S.28) der Abstand zwischen Afrika und der „Ersten Welt" beim Pro-Kopf-Einkommen : Im Jahr 1965 betrug das durchschnittliche Einkommen der afrikanischen Länder im Verhältnis zum Industrieländerdurchschnitt 14 Prozent, im Jahr 1995 nur noch 7 Prozent. Des weiteren konnten asiatische Entwicklungsländer in den Jahren 1990-1996 nahezu doppelt soviel private Kapitalzuflüsse verzeichnen wie afrikanische Staaten.

Die Gründe für die Benachteiligung liegen einerseits in der bereits angesprochenen Triadisierung, zum anderen in den Politiken der afrikanischen Staaten, die auf Grund mangelnder politischer Stabilität, Korruption, fehlender Rechtssicherheit für Investitionen, fehlender Bildungseinrichtungen und dem Anstieg der Bevölkerungszahl, unattraktiv für Investitionen globalisierte Unternehmen bzw. deren Kapital sind. Das Ausbleiben von Investitionen und das Ausbleiben von der damit verbundenen Zuflüsse zum BSP lässt sich in Opportunitätskosten messen, d.h. als entgangener Nutzen oder Gewinn einer nicht gewählten Handlungsmöglichkeit.

4.3 Umweltzerstörung

Zwangsläufig setzt das Ökosystem Erde der Menschheit Grenzen, da die Fläche und Ressourcen unseres Planeten nicht unbegrenzt verfügbar sind, wie es der erste Bericht des Club of Rome aus dem Jahr 1972 aufzeigt. Neben der bevorstehenden Bevölkerungsexplosion hat die ökonomische Globalisierung verheerende Folgen auf die Umweltpolitik: „Praktisch alle nationalen Bemühungen um den Umweltschutz werden den wachsenden Sorgen um die internationale Wettbewerbsfähigkeit untergeordnet." WEIZSÄCKER (1997, S.61).

Auch MÜLLER (2000, S.42) vertritt die Auffassung, dass Globalisierung Umweltprobleme schafft. MÜLLER differenziert in drei Kategorien von Umweltproblemen, die in Bezug zur Globalisierung stehen:

- die Verschärfung globaler Umweltprobleme, wie z.B. das Klimaproblem, die Übernutzung der Meere und der Verlust an Artenvielfalt
- Zunahme von Emissionen und des Verbrauchs von fossilen Energieträgern auf Grund des steigenden Verkehrs- bzw. Transportaufkommens

-   Deregulierungsdruck auf die (Umwelt)-Gesetzgebung   zum Erhalt der
    Wettbewerbsfähigkeit

Diese drei Kategorien sind nicht singulär zu betrachten, beispielsweise verschärft das
erhöhte Verkehrsaufkommen das Klimaproblem und fehlende Umweltauflagen
stellen für Unternehmer auf den ersten Blick Kostenersparnisse dar, was wiederum
die Produktion neuer Erzeugnisse und deren Transport nach sich zieht.
Unbestreitbar stellt das Klimaproblem in zweifacher Hinsicht ein globales Phänomen
dar : Erstens wird die Atmosphäre durch Treibhausgase, wie Kohlendioxid und
Methan belastet und zweitens begünstigte das von Menschen eingesetzte Kühl- und
Spraymittel FCKW die Bildung des Ozonloches. Abbildung Nr.7 verdeutlicht die
Problematik, da die Länder der Triade nahezu die Hälfte der Kohlendioxidemissionen
ausstoßen, aber nur eine geringen Anteil an der Weltbevölkerung stellen.

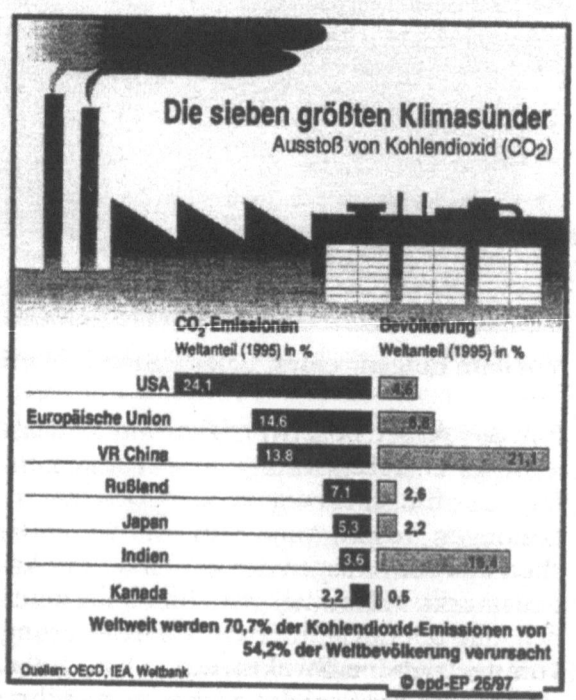

Abbildung Nr.7: Kohlendioxidemissionen im Vergleich zur Weltbevölkerung (aus: Informationen zur
politischen Bildung, Globalisierung, Nr.263, Seite 42)

Ferner stellt der durch die Globalisierung gewandelte ordnungspolitische Rahmen einen gewichtigen Faktor in der Umweltproblematik dar. Konnten in der Vergangenheit Nationalstaaten den Investoren ordnungspolitische Auflagen (z.B. Baurecht, ökologische Auflagen, Steuern und Abgaben) mit monopolartiger Macht vorgeben, so muss in Zeiten des mobilen Kapitals, des Standortwettbewerbes um die Ansiedlung neuer Arbeitsplätze und besserer Rahmenbedingungen davon ausgegangen werden, dass derjenige Staat, der die „kostengünstigsten" Umweltstandards aufweist, auch im Vorteil bei der Unternehmensansiedlung ist.

MÜLLER (2000,S.44) resümiert, dass „...ein solcher Wettbewerb um niedrige Kosten nicht nur zu Lebensqualitätverlusten durch verstärkte Umweltbelastungen führt, sondern auch die Effizienz der Marktwirtschaft gefährdet.".

Eine Situation für ein knappes Gut, wie z.B. Wasser, Boden oder Luft wird dann als effizient bezeichnet, wenn Angebots- und Nachfragekurve sich schneiden, d.h. ein Gleichgewichtspreis vorliegt. Ist der Preis für ein knappes Gut zu niedrig oder gar nicht angesetzt, kommt es zur nichteffizienten Verschwendung. Da der Preis für ein knappes Gut, wir z.B. Luft nicht in der betriebswirtschaftlichen Kostenrechnung bewertet wird, gibt es nach betriebswirtschaftlichen Gesichtspunkten auch keinen Grund, effizient mit diesem Gut umzugehen.

Die volkswirtschaftlichen und ökologischen Schäden, die aus diese eingeschränkten Sichtweise resultieren sind der Verlust von Gesundheit, von Freizeitwert einschließlich Tourismuseinnahmen und nicht zuletzt die Schädigung des gesamten Ökosystems Erde.

5 Ausblick

In Anlehnung an den Bericht der Gruppe von Lissabon sind die Auswirkungen einer globalisierten Weltwirtschaft, die nur der Ideologie des Marktes folgt, gefährlich, insbesondere wenn nur ein kleiner Teil der Welt von den Vorteilen dieses Prozesses profitiert. Um die komplexen Probleme gemeinsam zu lösen, sollen auf Vorschlag der Gruppe von Lissabon vier Verträge entwickelt und durchgesetzt werden:

a. ein „Grundbedürfnisvertrag", der Ungleichheiten bei der menschlichen Grundversorgung sicherstellen soll

b. ein „Kulturvertrag" für Toleranz und interkulturellen Dialog

c. ein „ Demokratievertrag", der global die Mitbestimmung der Menschen sichert

d. ein „ Erdvertrag, der die globale und nachhaltige Entwicklung der Erde sicherstellt.

Mit Hilfe dieser vier Verträge und dem Ziel einer Bewusstseinsveränderung der Menschen jenseits des kapitalistischen Wettkampfs sollen nach der GRUPPE VON LISSABON (1997, S.187) Kooperation, Verantwortung und Toleranz gestärkt werden.

6 Literaturverzeichnis

BECK, ULRICH (1998) : Politik der Globalisierung (1. Auflage). – Suhrkamp – Verlag, Frankfurt am Main

DIE GRUPPE VON LISSABON (1997): Die Grenzen des Wettbewerbs (1.Auflage). – Luchterhand Literaturverlag GmbH, München

FRANZMEYER, FRITZ (2000): Welthandel und internationale Arbeitsteilung. In: Informationen zur politischen Bildung,: Globalisierung, Nr.263

MCGREW, ANTHONY (1998) : Globalisierung und die demokratische Theorie der Politik. In: BECK, ULRICH (1998) : Politik der Globalisierung (1. Auflage). – Suhrkamp – Verlag, Frankfurt am Main

MEADOWS et al. (1972) : Die Grenzen des Wachstums. Bericht des Club of Rome zur Lage der Menschheit. - DVA, Stuttgart

MÜLLER, FRIEDEMANN (2000): Die Umwelt kennt keine Grenzen. In: Informationen zur politischen Bildung,: Globalisierung, Nr.263

PERRATON, JONATHAN et al. (1998) : Die Globalisierung der Wirtschaft. In: BECK, ULRICH (1998) : Politik der Globalisierung (1. Auflage). – Suhrkamp – Verlag, Frankfurt am Main

SCHIRM,STEFAN (2000): Globalisierung – eine Chance für Entwicklungsländer?. In: Informationen zur politischen Bildung,: Globalisierung, Nr.263

SCHMIDT, HELMUT (1998): Globalisierung (3.Auflage). – Deutsche Verlags-Anstalt, Stuttgart

WEIZSÄCKER, ERNST ULRICH (1997): Erdpolitik (5.Auflage). Primus-Verlag, Darmstadt

Internet:

http://viadrina.euv-frankfurt-o.de/~wsgn1/pageG12.html , Stand 26.4.02

http://setiathome.ssl.berkeley.edu/ und http://www.ibm.com, Stand 27.04.02

BEI GRIN MACHT SICH IHR WISSEN BEZAHLT

- Wir veröffentlichen Ihre Hausarbeit,
  Bachelor- und Masterarbeit

- Ihr eigenes eBook und Buch -
  weltweit in allen wichtigen Shops

- Verdienen Sie an jedem Verkauf

Jetzt bei www.GRIN.com hochladen und kostenlos publizieren